SALVADOS DE LA EXTINCIÓN

LOS INSECTOS

BLACK RABBIT BOOKS

JOANNE MATTERN

TABLA DE CONTENIDOS

1 Escarabajo enterrador americano

Este colorido escarabajo vive en los Estados Unidos. Tiene un trabajo importante, pero desagradable. Los insectos huelen un animal muerto. Hacen una bola con el cuerpo. Luego lo entierran. La hembra pone huevos sobre él. El cadáver es alimento para las larvas del escarabajo.

El escarabajo estuvo a punto de desaparecer porque se construyeron casas en su territorio. En 1989, el gobierno protegió a los escarabajos. Hoy, estos insectos están regresando para hacer su trabajo sucio.

Piensa en esto

¿Por qué es importante tener insectos que retiren los animales muertos?

2

Libélula esmeralda de Hine

Esta libélula vive cerca de los Grandes Lagos. Tiene ojos grandes y alas largas. Es una gran voladora. Pero en la década de 1990, la gente había secado muchos de los lugares húmedos donde vivía. Parecía que esta libélula también desaparecería pronto.

La gente se ofreció a ayudar. El gobierno de los EE. UU. declaró ilegal matar a esta libélula. Los grupos conservacionistas acudieron a los tribunales. Pidieron al gobierno que protegiera también la tierra. En 2010, ganaron esta batalla legal. Ahora, la libélula tiene más posibilidades de sobrevivir.

Piensa en esto

¿Cómo pueden las personas y el gobierno trabajar juntos para salvar a los insectos?

3

Mariposa azul de Karner

Las larvas de esta pequeña mariposa solo comen un tipo de flor: el lupino silvestre. Cuando las flores comenzaron a desaparecer, también lo hizo la mariposa. La gente sabía que tenía que salvar el **hábitat** de la mariposa.

Plantaron más flores. Los científicos criaron algunas de las mariposas. Luego las dejaron ir a la naturaleza. Poco a poco, estas mariposas comenzaron a volar por el noreste de Estados Unidos una vez más.

¿Sabías que...?

Una Karner adulta solo vive cinco días.

4

Insecto palo de la isla Lord Howe

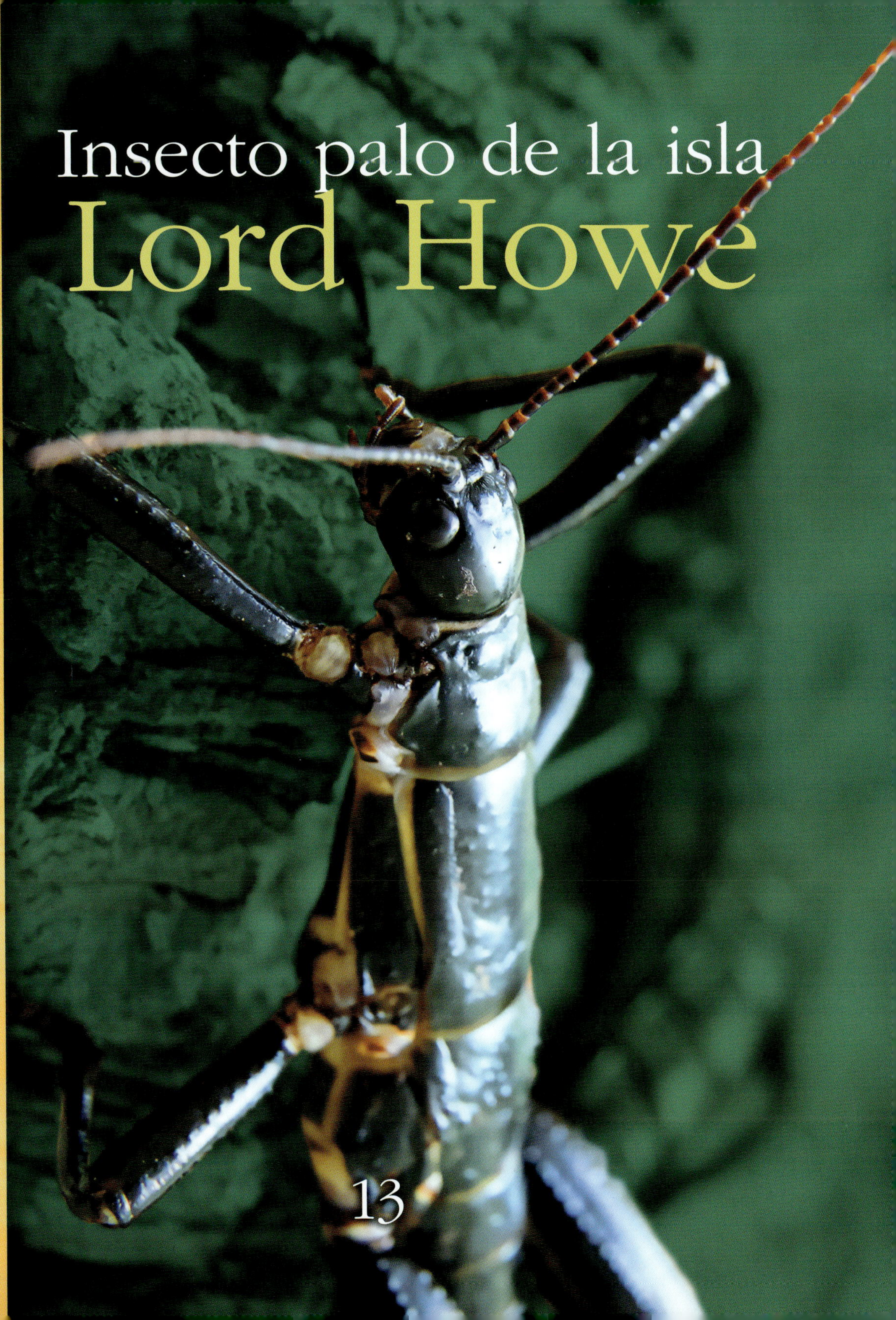

Este insecto palo vivía únicamente en una isla cerca de Australia. Luego llegaron las ratas a la isla. Se comieron casi todos los insectos. En 2001 se encontraron algunos insectos palo. Australia se apresuró a salvarlos.

Los científicos navegaron hasta la isla. Capturaron una pareja de insectos reproductores. Los llevaron a un zoológico. Los insectos pusieron huevos allí. Otros científicos se están deshaciendo de las ratas de la isla. Entonces, el insecto palo podrá volver a casa.

¿Sabías que...?
Este insecto se parece a una langosta. Su apodo es langosta de árbol.

Mariposa parche de Taylor

Estas mariposas viven en América del Norte. Beben de las flores silvestres. Pero se construyeron carreteras y casas donde crecían las flores. La mariposa estaba en serios problemas.

La ayuda llegó de un lugar inusual. Una prisión se unió al esfuerzo por salvar a este insecto. Los prisioneros trabajan con el Zoológico de Oregón. Ayudan a criar las orugas. Cuando las mariposas están listas, los insectos regresan al zoológico. Luego se los devuelve a la naturaleza.

Piensa en esto

¿Qué otros grupos podrían trabajar con los zoológicos para salvar insectos?

6

Weta con colmillos

El weta con colmillos es un grillo. Tiene el tamaño de un ratón. Vive en una isla de Nueva Zelanda. Pero luego llegaron las ratas. A menudo mataban a este insecto.

Los científicos decidieron ayudar. Se deshicieron de las ratas. También criaron grillos en **cautiverio**. Liberaron al insecto en nuevos lugares libres de ratas. Hoy, a este insecto gigante le está yendo mucho mejor.

¿Sabías que...?
El weta con colmillos huele muy mal. Esto lo convierte en un blanco fácil para las ratas.

MÁS PARA EXPLORAR

¿EN QUÉ PARTE DEL MUNDO?

MARIPOSA PARCHE DE TAYLOR
Noroeste de Estados Unidos y Canadá

ESCARABAJO ENTERRADOR AMERICANO
Medio oeste y este de Estados Unidos

LIBÉLULA ESMERALDA DE HINE
Missouri y la zona de los Grandes Lagos

MARIPOSA AZUL DE KARNER
Noreste de Estados Unidos

INSECTO PALO DE LA ISLA LORD HOWE
Pirámide de Ball, isla cerca de Australia

WETA CON COLMILLOS
Nueva Zelanda

MÁS PARA EXPLORAR

DATOS FANTÁSTICOS

El escarabajo enterrador americano es el insecto estatal de Rhode Island.

Las libélulas esmeralda de Hine hembras ponen sus huevos en el agua.

Una mariposa azul de Karner generalmente permanece a 600 pies (183 metros) del lugar donde nace.

Una mariposa parche de Taylor puede poner hasta 1,000 huevos.

Los insectos palo de la isla Lord Howe no pueden volar.

"*Weta*" significa "dios de las cosas feas" en el idioma nativo maorí.

MÁS PARA EXPLORAR

COMPARACIONES INTERESANTES

¿Qué tan grandes son estos insectos?

Escarabajo enterrador americano
1-1.8 pulgadas
(2.5-4.6 cm)

Libélula esmeralda de Hine
2.5 pulgadas
(6.4 cm)

Mariposa azul de Karner
1 pulgada
(2.5 cm)

Insecto palo de la isla Lord Howe
8 pulgadas
(20 cm)

Mariposa parche de Taylor
2.3 pulgadas
(5.8 cm)

Weta con colmillos
4 pulgadas
(10 cm)

MÁS PARA EXPLORAR

RECURSOS

Glosario

cautiverio El estado de estar retenido en un lugar, como un zoológico.

conservación El acto de mantener y proteger las cosas del despilfarro, la pérdida o la destrucción.

hábitat El lugar donde crece o vive una planta o un animal.

larva La forma de un animal que parece gusano y que sale de un huevo.

legal De o relacionado con la ley.

reproducirse Dar a luz o producir descendencia.

Índice alfabético

TOP RANK es publicado por Black Rabbit Books, P.O. Box 227, Mankato, MN, 56002.

• Top Rank un sello de Black Rabbit Books • Diseñadora de la serie: Danny Nanos • Diseñadora del libro: Jason Knudson • Fotografías © Alamy Stock Photo/ MYN / Gil Wizen, 20; Dreamstime/Gutaper, 11, Paul Reeves, 18, Paul Sparks, 6–7; flickr/Jake Osborne, 19, 21, 23, Jill Utrup/USFWS, 21, 23; Getty Image/ Matt Cardy, 13; Minden Pictures/John Abbott/NPL, 2; Shutterstock/ Alexandra Lande, 12, Kanyshev Andrey, 9, 21, 23, LulaPar, cover, 1, Ramsey Samara, 17, 21, 23; SuperStock/Emanuele Biggi/Nature Picture Library, 14, 15, 21, 23, Michael Durham/Minden Pictures, 16; Wikimedia Commons/Bernard DUPONT, cover, 1, 10, Blocky1000, 4, Wayne National Forest, 5, 21, 23 • Impreso en India

Library of Congress Cataloging-in-Publication Data: Names: Mattern, Joanne, 1963- author. | Title: Los insectos: salvados de la extinción / by Joanne Mattern. | Other titles: Insects. Spanish | Description: Mankato, MN: Black Rabbit Books, [2026] | Series: Salvados de la extinción | Includes index. | Ages 8–11 | Grades 2–3 | Identifiers: LCCN 2024054662 (print) | LCCN 2024054663 (ebook) | ISBN 9781644669709 (library binding) | ISBN 9781644669846 (paperback) | ISBN 9781644669983 (ebook) | Subjects: LCSH: Insects—Conservation--Juvenile literature. | Rare insects—Juvenile literature. | Rare invertebrates–Juvenile literature. | Classification: LCC QL467.8 .M38202618 2026 (print) | LCC QL467.8 (ebook) | | DDC 595.7—dc23/eng/20250115